Manish Upadhyay

Engano com o flúor

Manish Upadhyay

Engano com o flúor

Um manual sobre o flúor

ScienciaScripts

Imprint
Any brand names and product names mentioned in this book are subject to trademark, brand or patent protection and are trademarks or registered trademarks of their respective holders. The use of brand names, product names, common names, trade names, product descriptions etc. even without a particular marking in this work is in no way to be construed to mean that such names may be regarded as unrestricted in respect of trademark and brand protection legislation and could thus be used by anyone.

Cover image: www.ingimage.com

This book is a translation from the original published under ISBN 978-3-659-21723-4.

Publisher:
Sciencia Scripts
is a trademark of
Dodo Books Indian Ocean Ltd. and OmniScriptum S.R.L publishing group

120 High Road, East Finchley, London, N2 9ED, United Kingdom
Str. Armeneasca 28/1, office 1, Chisinau MD-2012, Republic of Moldova, Europe
Managing Directors: Ieva Konstantinova, Victoria Ursu
info@omniscriptum.com

Printed at: see last page
ISBN: 978-620-8-53500-1

ÍNDICE

1. INTRODUÇÃO

1.1 Caraterísticas gerais

A água cobre 70,9% da superfície da Terra e é vital para todas as formas de vida conhecidas. Na Terra, 96,5% da água do planeta encontra-se nos oceanos, 1,7% nas águas subterrâneas, 1,7% nos glaciares e nas calotes polares da Antárctida e da Gronelândia, uma pequena fração noutras grandes massas de água e 0,001% no ar sob a forma de vapor, nuvens (formadas por partículas sólidas e líquidas de água suspensas no ar) e precipitação. Apenas 2,5% da água da Terra é água doce, e 98,8% dessa água está no gelo e nas águas subterrâneas. Menos de 0,3% de toda a água doce está em rios, lagos e na atmosfera, e uma quantidade ainda menor de água doce da Terra (0,003%) está contida em corpos biológicos e produtos manufacturados. A água na Terra move-se continuamente através do ciclo hidrológico de evaporação e transpiração (evapotranspiração), condensação, precipitação e escoamento, geralmente chegando ao mar. A evaporação e a transpiração contribuem para a precipitação sobre a terra.

A água potável é essencial para os seres humanos e outras formas de vida. O acesso à água potável melhorou nas últimas décadas em quase todas as partes do mundo, mas cerca de mil milhões de pessoas ainda não têm acesso a água potável e mais de 2,5 mil milhões não têm acesso a saneamento adequado. Existe uma correlação clara entre o acesso à água potável e o PIB per capita. No entanto, alguns observadores estimam que, em 2025, mais de metade da população mundial será afetada pela vulnerabilidade à água. Um relatório recente (novembro de 2009) sugere que, até 2030, em algumas regiões em desenvolvimento do mundo, a procura de água excederá a oferta em 50%. A água desempenha um papel importante na economia mundial, uma vez que funciona como solvente para uma grande variedade de substâncias químicas e facilita o arrefecimento e o transporte industrial. Cerca de 70% da água doce utilizada pelos seres humanos destina-se à agricultura. A água é a substância química de fórmula H_2O: uma molécula de água tem dois átomos de hidrogénio ligados covalentemente a um único átomo de oxigénio. A água aparece na natureza nos três estados comuns da matéria e pode assumir muitas formas diferentes na Terra: vapor de água e nuvens no céu; água do mar e icebergues nos oceanos polares; glaciares e rios nas montanhas; e o líquido em aquíferos no solo. A altas temperaturas e pressões, como no interior de planetas gigantes, argumenta-se que a água existe como água iónica, na qual as moléculas se decompõem numa sopa de iões de hidrogénio e oxigénio, e a pressões ainda mais elevadas como água superiónica, na qual o oxigénio cristaliza mas os iões de hidrogénio flutuam livremente dentro da rede de oxigénio.

1.2 Propriedades químicas e físicas da água

A água é um líquido à temperatura e pressão normais.

É insípida e inodora. A cor intrínseca da água e do gelo é um tom azul muito ligeiro, embora ambos pareçam incolores em pequenas quantidades. O vapor de água é essencialmente invisível como gás. A água é transparente no espetro eletromagnético visível. Assim, as plantas aquáticas podem viver na água porque a luz do sol chega até elas. A luz infravermelha é fortemente absorvida pelas ligações hidrogénio-oxigénio ou OH.

Uma vez que a molécula de água não é linear e o átomo de oxigénio tem uma maior eletronegatividade do que os átomos de hidrogénio, tem uma carga ligeiramente negativa, enquanto os átomos de hidrogénio são ligeiramente positivos. Como resultado, a água é uma molécula polar com um momento de dipolo elétrico. A água também pode formar um número invulgarmente elevado de ligações de hidrogénio intermoleculares (quatro) para uma molécula do seu tamanho. Estes factores conduzem a fortes forças de atração entre as moléculas de água, dando origem à elevada tensão superficial e às forças capilares da água. A ação capilar refere-se à tendência da água para subir por um tubo estreito contra a força da gravidade. Esta propriedade é utilizada por todas as plantas vasculares, como as árvores.

A água é um bom solvente e é frequentemente referida como o solvente universal. As substâncias que se dissolvem na água, por exemplo, sais, açúcares, ácidos, álcalis e alguns gases - especialmente o oxigénio e o dióxido de carbono (carbonatação) - são conhecidas como substâncias hidrofílicas (que gostam de água), enquanto as que não se misturam bem com a água (por exemplo, gorduras e óleos) são conhecidas como substâncias hidrofóbicas (que não gostam de água).

Todos os principais componentes das células (proteínas, ADN e polissacáridos) estão também dissolvidos na água. A água pura tem uma baixa condutividade eléctrica, mas esta aumenta significativamente com a dissolução de uma pequena quantidade de material iónico, como o cloreto de sódio.

O ponto de ebulição da água (e de todos os outros líquidos) depende da pressão barométrica. Por exemplo, no topo do Monte Evereste, a água ferve a 68 °C (154 °F), em comparação com 100 oc (212 OF) ao nível do mar. Por outro lado, a água nas profundezas do oceano, perto de fontes geotérmicas, pode atingir temperaturas de centenas de graus e permanecer líquida. Com 4181,3 J/(kg·K), a água tem uma elevada capacidade térmica específica, bem como um elevado calor de vaporização (40,65 kJ·mol [1]), ambos resultantes da extensa ligação de hidrogénio entre as suas moléculas. Estas duas propriedades invulgares permitem à água moderar o clima da Terra, amortecendo grandes flutuações de temperatura.

A densidade máxima da água ocorre a 3,98 oc (39,16 OF). Tem a propriedade anómala de se tornar menos densa, e não mais, quando é arrefecida até à sua forma sólida, o gelo. No estado sólido, expande-se para ocupar um volume 9% maior, o que explica o facto de o gelo flutuar sobre a água líquida, como nos icebergues.

A sua densidade é de 1.000 kg/m^3 (62,428 lb/cu ft ou 8,3454 lb/US gal) líquido (a 4 OQ o gelo tem uma densidade de917 kg/m^3). Etiqueta ADR para o transporte de mercadorias perigosamente reactivas com a água. A água é miscível com muitos líquidos, como o etanol, em todas as proporções, formando um único líquido homogéneo. Por outro lado, a água e a maioria dos óleos são imiscíveis, formando normalmente camadas de acordo com o aumento da densidade a partir do topo. Como gás, o vapor de água é completamente miscível com o ar. A água forma um azeótropo com muitos outros solventes.

A água pode ser dividida por eletrólise em hidrogénio e oxigénio Como óxido de hidrogénio, a água forma-se quando o hidrogénio ou os compostos que contêm hidrogénio ardem ou reagem com o oxigénio ou com compostos que contêm oxigénio.

A água não é um combustível, é um produto final da combustão do hidrogénio. A energia necessária para dividir a água em hidrogénio e oxigénio por eletrólise ou por qualquer outro meio é superior à energia que pode ser recolhida quando o hidrogénio e o oxigénio se recombinam.

Os elementos mais electropositivos que o hidrogénio, como o lítio, o sódio, o cálcio, o potássio e o césio, deslocam o hidrogénio da água, formando hidróxidos. Sendo um gás inflamável, o hidrogénio libertado é perigoso e a reação da água com os elementos mais electropositivos pode ser violentamente explosiva

1.2 Formas de água

Como muitas substâncias, a água pode assumir várias formas que são categorizadas por fase da matéria. A fase líquida é a mais comum entre as fases da água (na atmosfera e na superfície da Terra) e é a forma que é geralmente designada pela palavra "água". A fase sólida da água é conhecida como gelo e geralmente assume a estrutura de cristais duros e amalgamados, como os cubos de gelo, ou cristais granulares fracamente acumulados, como a neve. Para uma lista das diferentes formas cristalinas e amorfas do H_2O sólido, ver o artigo gelo. A fase gasosa da água é conhecida como vapor de água (ou vapor) e caracteriza-se pelo facto de a água assumir a configuração de uma nuvem transparente. (Note-se que o vapor e as nuvens visíveis são, de facto, água na forma líquida, sob a forma de gotículas minúsculas suspensas no ar). O quarto estado da água, o de um fluido supercrítico, é muito menos comum do que os outros três e só raramente ocorre na natureza, em condições extremamente inabitáveis. Quando a água atinge uma temperatura crítica específica e uma pressão crítica específica (647 K e 22,064 MPa), as fases líquida e gasosa fundem-se numa fase fluida homogénea, com propriedades de gás e líquido. Um exemplo de água supercrítica natural encontra-se nas zonas mais quentes das fontes hidrotermais de águas profundas, nas quais a água é aquecida até à temperatura crítica por plumas vulcânicas escaldantes e atinge a pressão crítica devido ao peso esmagador do oceano nas profundidades extremas em que as fontes estão localizadas. Além disso, em qualquer lugar onde exista atividade vulcânica abaixo de uma profundidade de 2,25 km, é de esperar que exista água na fase supercrítica.

O padrão de Viena para a água média dos oceanos é o atual padrão internacional para os isótopos da água. A água que ocorre naturalmente é quase totalmente composta pelo isótopo de hidrogénio sem neutrões, o prótio. Apenas 155 ppm incluem deutério (H^2 ou D), um isótopo de hidrogénio com um neutrão, e menos de 20 partes por quintilião incluem trítio (H^3 ou T), que tem dois.

A água pesada é água com um teor de deutério superior à média, até 100%. Quimicamente, é semelhante mas não idêntica à água normal. Isto deve-se ao facto de o núcleo do deutério ser duas vezes mais pesado do que o do prótio, o que provoca diferenças notáveis nas energias de ligação. Como as moléculas de água trocam átomos de hidrogénio entre si, o óxido de hidrogénio e deutério (DOH) é muito mais comum na água pesada de baixa pureza do que o monóxido de deutério puro (D2O). Os seres humanos geralmente não se apercebem das diferenças de sabor, mas por vezes referem uma sensação de ardor ou um sabor doce. Os ratos, no entanto, são capazes de evitar a água pesada pelo cheiro. Tóxica para muitos animais, a água pesada é utilizada na indústria dos reactores nucleares para moderar (abrandar) os neutrões. São também comuns os reactores de água leve, em que "leve" designa simplesmente a água normal.

A água leve refere-se mais especificamente à água empobrecida em deutério (DDW), água em que o teor de deutério foi reduzido abaixo do nível padrão de 155ppm. Verificou-se que a água leve é benéfica para melhorar as taxas de sobrevivência do cancro em ratos e humanos submetidos a quimioterapia.

1.3 Ocorrência natural de fluoreto

Embora o flúor já tenha sido considerado um nutriente essencial, o Conselho Nacional de Investigação dos EUA retirou esta designação devido à falta de estudos que demonstrem que é essencial para o crescimento humano, embora continue a considerar o flúor um "elemento benéfico" devido ao seu impacto positivo na saúde oral. Os EUA especificam que o nível ideal de flúor varia entre 0,7 e 1,2 mg/L (miligramas por litro, equivalente a partes por milhão), dependendo da temperatura média máxima diária do ar; o nível ideal é mais baixo em climas mais quentes, onde as pessoas bebem mais água, e é mais alto em climas mais frios.A norma dos EUA, adoptada em 1962, não é adequada a todas as partes do mundo e baseia-se em pressupostos que se tornaram obsoletos com o aumento do ar condicionado e a utilização crescente de refrigerantes, alimentos processados e outras fontes de fluoretos. Em 1994, um comité de peritos da Organização Mundial de Saúde sobre a utilização de flúor declarou que 1,0 mg/L deveria ser um limite superior absoluto, mesmo em climas frios, e que 0,5 mg/L pode ser um limite inferior adequado. Uma revisão sistemática australiana de 2007 recomendou um intervalo de 0,6 a 1,1 mg/L.

Uma revisão sistemática de 2000 concluiu que a fluoretação da água estava estatisticamente associada a uma diminuição da proporção de crianças com cáries (a mediana das reduções médias foi de 14,6%, com uma variação de -5 a 64%) e a uma diminuição dos dentes decíduos cariados, perdidos e obturados (a mediana das reduções médias foi de 2,25 dentes, com uma variação de 0,5 a 4,4 dentes), o que equivale aproximadamente a prevenir 40% das cáries. A revisão constatou que a evidência era de qualidade moderada: muitos estudos não tentaram reduzir o viés do observador, controlar os factores de confusão, reportar medidas de variância, ou usar análises apropriadas. Embora não fossem aparentes grandes diferenças entre a fluoretação natural e a artificial, a evidência era inadequada para chegar a uma conclusão sobre quaisquer diferenças. O flúor também previne as cáries em adultos de todas as idades. No entanto, existem menos estudos em adultos e o desenho dos estudos de fluoretação da água em adultos é inferior ao dos estudos de fluoreto auto-aplicado ou aplicado clinicamente. Uma meta-análise de 2007 concluiu que a fluoretação da água prevenia cerca de 27% das cáries em adultos (intervalo de confiança de 95% [IC] 1934%), aproximadamente a mesma fração que seria prevenida pela exposição a qualquer método de administração de flúor (média de 29%, IC 95%: 16-42%). Uma revisão sistemática de 2002 encontrou fortes evidências de que a fluoretação da água é eficaz na redução geral da cárie dentária nas comunidades.

Os efeitos adversos do flúor dependem da dosagem total de flúor de todas as fontes. Com a dosagem geralmente recomendada, o único efeito adverso claro é a fluorose dentária, que pode alterar a aparência dos dentes das crianças durante o desenvolvimento dos dentes; este efeito é geralmente ligeiro e é pouco provável que represente qualquer efeito real na aparência estética ou na saúde pública. O período crítico de exposição é entre um e quatro anos de idade, com o risco a terminar por volta dos oito anos. A fluorose pode ser prevenida através da monitorização de todas as fontes de flúor, sendo a água fluoretada direta ou indiretamente responsável por cerca de 40% do risco e as outras fontes, nomeadamente as pastas dentífricas, responsáveis pelos restantes 60%. Em comparação com a água naturalmente fluoretada a 0,4 mg/L, estima-se que a fluoretação a 1 mg/L cause fluorose adicional em uma de cada 6 pessoas (95% CI 4-21 pessoas), e cause fluorose adicional de preocupação estética em uma de cada 22 pessoas (95% CI 13,6-∞ pessoas). Aqui, preocupação estética é um termo usado numa escala padronizada baseada no que os adolescentes considerariam inaceitável, conforme medido por um estudo de 1996 com jovens britânicos de 14 anos Em muitos países industrializados, a prevalência de fluorose está a aumentar mesmo em comunidades não fluoretadas, principalmente devido ao flúor da pasta de dentes ingerida. Uma revisão sistemática de 2009 indicou que a fluorose está associada ao consumo de leite em pó para bebés ou de água adicionada para reconstituir o leite em pó, que as provas foram distorcidas por viés de publicação e que as provas de que o flúor do leite em pó causou a fluorose eram fracas. Nos EUA, o declínio da cárie dentária foi acompanhado por um aumento da fluorose tanto nas comunidades fluoretadas como nas não fluoretadas; consequentemente, o flúor foi reduzido de várias formas em todo o mundo nas fórmulas para lactentes, pastas de dentes para crianças, água e suplementos de flúor.

A cárie dentária continua a ser um grande problema de saúde pública na maioria dos países industrializados, afectando 60-90% das crianças em idade escolar e a grande maioria dos adultos.[121] A fluoretação da água previne as cáries tanto em crianças como em adultos,[121] com estudos que estimam uma redução de 18-40% nas cáries quando a fluoretação da água é utilizada por crianças que já têm acesso a pasta dentífrica e outras fontes de flúor. Embora a fluoretação da água possa causar fluorose dentária, o que pode alterar a aparência dos dentes em desenvolvimento, a maior parte desta é ligeira e normalmente não é considerada uma preocupação estética ou de saúde pública. Não há provas claras de outros efeitos adversos. Estudos de qualidade moderada investigaram a eficácia; os estudos sobre os efeitos adversos foram, na sua maioria, de baixa qualidade. Os efeitos do flúor dependem da ingestão diária total de flúor de todas as fontes. A água potável é normalmente a maior fonte; outros métodos de terapia com flúor incluem a fluoretação da pasta de dentes, do sal e do leite. A fluoretação da água, quando viável e culturalmente aceitável, tem vantagens substanciais, especialmente para subgrupos de alto risco. Os Centros de Controlo de Doenças dos EUA listaram a fluoretação da água como uma das dez grandes realizações de saúde pública do século XX; em contraste, a maioria dos países europeus registou declínios substanciais na cárie dentária sem a sua utilização, principalmente devido à introdução de pasta dentífrica com flúor na década de 1970. O uso de fluoretos tópicos (como na pasta de dentes) para prevenir a cárie entre as pessoas que vivem em países industrializados e em desenvolvimento pode ajudar a suplantar a necessidade de água fluoretada. A fluoretação pode ser mais justificada nos EUA devido às desigualdades socioeconómicas na saúde dentária e nos cuidados dentários. Embora a fluoretação da água seja um fenómeno predominantemente americano, foi introduzida em muitos países em graus variáveis, com muitos países a terem água naturalmente fluoretada até aos níveis recomendados e outros, como na Europa, a utilizarem sais fluoretados como fonte alternativa de fluoreto.

O objetivo da fluoretação da água é prevenir a cárie dentária através do ajuste da concentração de flúor na água de abastecimento público. A cárie dentária é uma das doenças crónicas mais prevalentes em todo o mundo. Embora raramente ponha em risco a vida, a cárie dentária pode causar dor e prejudicar a alimentação, a fala, a aparência facial e a aceitação na sociedade, e afecta grandemente a qualidade de vida das crianças, particularmente as de baixo estatuto socioeconómico. Na maioria dos países industrializados, a cárie dentária afecta 60-90% das crianças em idade escolar e a grande maioria dos adultos; embora o problema pareça ser menor nos países em desenvolvimento de África, espera-se que aumente em vários países devido à mudança de dieta e à exposição inadequada ao flúor. Nos EUA, as minorias e os pobres têm taxas mais elevadas de dentes cariados e perdidos, e os seus filhos têm menos cuidados dentários. Quando surge uma cárie, o destino do dente é o de restaurações repetidas, com estimativas para a vida média de uma obturação de amálgama que variam de 9 a 14 anos. A doença oral é a quarta doença mais cara de tratar. A motivação para a fluoretação do sal ou da água é semelhante à do sal iodado para a prevenção do atraso mental e do bócio.

FLUORETO NA ÁGUA POTÁVEL

A fluoretação não afecta a aparência, o sabor ou o cheiro da água potável. É normalmente efectuada através da adição de um de três compostos à água: fluoreto de sódio, ácido fluorossilícico ou fluorossilicato de sódio.

O fluoreto de sódio (NaF) foi o primeiro composto utilizado e é o padrão de referência. É um pó ou cristal branco e inodoro; a forma cristalina é preferida se for utilizado o manuseamento manual, uma vez que minimiza a poeira. É mais caro do que os outros compostos, mas é facilmente manuseado e é normalmente utilizado por empresas de serviços públicos mais pequenas.

O ácido fluorossilícico (H_2SiF_6) é um subproduto líquido barato do fabrico de fertilizantes fosfatados. Apresenta-se em diferentes dosagens, normalmente 23-25%; devido ao facto de conter muita água, o transporte pode ser dispendioso. É também conhecido como hexafluorosilícico, hexafluosilícico, hidrofluosilícico e ácido silicofluorídrico.

O fluorossilicato de sódio (Na_2SiF_6) é um pó ou um cristal muito fino que é mais fácil de transportar do que o ácido fluorossilícico. É também conhecido como silicofluoreto de sódio.

Estes compostos foram escolhidos pela sua solubilidade, segurança, disponibilidade e baixo custo. Um censo de 1992 revelou que, para os sistemas públicos de abastecimento de água dos EUA que comunicaram o tipo de composto utilizado, 63% da população recebeu água fluoretada com ácido fluorossilícico, 28% com fluorossilicato de sódio e 9% com fluoreto de sódio. Os Centros de Controlo e Prevenção de Doenças desenvolveram recomendações para a fluoretação da água que especificam os requisitos em termos de pessoal, relatórios, formação, inspeção, monitorização, vigilância e acções em caso de sobrealimentação, juntamente com requisitos técnicos para cada um dos principais compostos utilizados.

Embora o flúor já tenha sido considerado um nutriente essencial, o Conselho Nacional de Investigação dos EUA retirou esta designação devido à falta de estudos que demonstrem que é essencial para o crescimento humano, embora continue a considerar o flúor um "elemento benéfico" devido ao seu impacto positivo na saúde oral. Os EUA especificam que o nível ideal de fluoreto varia entre 0,7 e 1,2 mg/L (miligramas por litro, equivalente a partes por milhão), dependendo da temperatura média máxima diária do ar; o nível ideal é mais baixo em climas mais quentes, onde as pessoas bebem mais água, e é mais alto em climas mais frios. A norma dos EUA, adoptada em 1962, não é adequada a todas as partes do mundo e baseia-se em pressupostos que se tornaram obsoletos com o aumento do ar condicionado e a utilização crescente de refrigerantes, alimentos processados e outras fontes de fluoretos. Em 1994, um comité de peritos da Organização Mundial de Saúde sobre a utilização de fluoretos declarou que 1,0 mg/L deveria ser um limite superior absoluto, mesmo em climas frios, e que 0,5 mg/L poderia ser um limite inferior adequado. Uma revisão sistemática australiana de 2007 recomendou um intervalo de 0,6 a 1,1 mg/L.

O flúor exerce o seu principal efeito ao interferir com o mecanismo de desmineralização da cárie dentária. A cárie dentária é uma doença infecciosa, cuja caraterística principal é o aumento, na placa dentária, de bactérias como o Streptococcus mutans e o Lactobacillus. Estas produzem ácidos orgânicos quando os hidratos de carbono, especialmente o açúcar, são ingeridos. Quando é produzido ácido suficiente para que o pH desça abaixo de 5,5, o ácido dissolve a hidroxiapatite carbonatada, o principal componente do esmalte dos dentes, num processo conhecido como desmineralização. Depois de o açúcar desaparecer, alguma da perda mineral pode ser recuperada - ou remineralizada - a partir de iões dissolvidos na saliva. As cáries surgem quando a taxa de desmineralização excede a taxa de remineralização, normalmente num processo que requer muitos meses ou anos.

Todos os métodos de fluoretação, incluindo a fluoretação da água, criam níveis baixos de iões de flúor na saliva e no fluido da placa bacteriana, exercendo assim um efeito tópico ou de superfície. Uma pessoa que vive numa área com água fluoretada pode experimentar aumentos da concentração de flúor na saliva para cerca de 0,04 mg/L várias vezes durante um dia. Tecnicamente, este flúor não previne as cáries, mas controla o ritmo a que se desenvolvem. Quando os iões de flúor estão presentes no fluido da placa bacteriana juntamente com a hidroxiapatite dissolvida, e o pH é superior a 4,5, forma-se uma camada remineralizada semelhante à fluorapatite sobre a superfície restante do esmalte; esta camada é muito mais resistente aos ácidos do que a hidroxiapatite original e forma-se mais rapidamente do que o esmalte remineralizado normal. O efeito de prevenção de cáries do flúor deve-se principalmente a estes efeitos de superfície, que ocorrem durante e após a erupção do dente. Embora algum flúor sistémico (de todo o corpo) regresse à saliva através do plasma sanguíneo, e aos dentes não irrompidos através do plasma ou do fluido da cripta, existem poucos dados para determinar que percentagem do efeito anticárie do flúor provém destes mecanismos sistémicos. Além disso, embora o flúor afecte a fisiologia das bactérias dentárias, o seu efeito no crescimento bacteriano não parece ser relevante para a prevenção da cárie.

Os efeitos do flúor dependem da ingestão diária total de flúor de todas as fontes. Cerca de 70-90% do flúor ingerido é absorvido pelo sangue, onde se distribui por todo o corpo. Nos bebés, 80-90% do fluoreto absorvido é retido, sendo o restante excretado, principalmente através da urina; nos adultos, cerca de 60% é retido. Cerca de 99% do flúor retido é armazenado nos ossos, dentes e outras áreas ricas em cálcio, onde quantidades excessivas podem causar fluorose. A água potável é normalmente a maior fonte de fluoreto. Em muitos países industrializados, a pasta de dentes ingerida é a principal fonte de exposição ao flúor em comunidades não fluoretadas. Outras fontes incluem produtos dentários, para além da pasta de dentes; poluição atmosférica proveniente de carvão que contém flúor ou de fertilizantes fosfatados; trona, utilizada para amaciar a carne na Tanzânia; e folhas de chá, particularmente os tijolos de chá preferidos em algumas zonas da China. Foram encontrados níveis elevados de flúor noutros alimentos, incluindo cevada, mandioca, milho, arroz, taro, inhame e concentrado proteico de peixe. O Instituto de Medicina dos EUA estabeleceu doses de referência dietética para o flúor: Os valores de ingestão adequada variam de 0,01 mg/dia para bebés com 6 meses ou menos, a 4 mg/dia para homens com 19 anos ou mais; e o nível de ingestão superior tolerável é de 0,10 mg/kg/dia para bebés e crianças até aos 8 anos de idade, e 10 mg/dia a partir daí. Uma estimativa aproximada é que um adulto num clima temperado consome 0,6 mg/dia de flúor sem fluoretação e 2 mg/dia com fluoretação. No entanto, esses valores diferem muito entre as regiões do mundo: por exemplo, em Sichuan, na China, a ingestão média diária de flúor é de apenas 0,1 mg/dia na água potável, mas 8,9 mg/dia nos alimentos e 0,7 mg/dia diretamente do ar devido ao uso de carvão macio com alto teor de flúor para cozinhar e secar alimentos em ambientes fechados.

Base de dados

As provas existentes sugerem fortemente que a fluoretação da água reduz a cárie dentária. Há também provas consistentes de que causa fluorose dentária, a maior parte da qual é ligeira e não é normalmente motivo de preocupação estética. Não há provas claras de outros efeitos adversos. Existe investigação de qualidade moderada sobre a eficácia da fluoretação da água e a sua potencial associação com o cancro; a investigação sobre outros potenciais efeitos adversos tem sido quase toda de baixa qualidade. Foi efectuada pouca investigação de alta qualidade.

Eficácia

A fluoretação da água é eficaz na redução das cáries tanto em crianças como em adultos. Estudos anteriores mostraram que a fluoretação da água levou a reduções de 50-60% nas cáries infantis; estudos mais recentes mostram reduções mais baixas (18-40%), provavelmente devido ao aumento do uso de flúor de outras fontes, nomeadamente a pasta de dentes, e também ao efeito de halo dos alimentos e bebidas produzidos em áreas fluoretadas e consumidos em áreas não fluoretadas.

Uma revisão sistemática de 2000 concluiu que a fluoretação da água estava estatisticamente associada a uma diminuição da proporção de crianças com cáries (a mediana das reduções médias foi de 14,6%, com um intervalo de -5 a 64%) e a uma diminuição dos dentes decíduos cariados, perdidos e obturados (a mediana das reduções médias foi de 2,25 dentes, com um intervalo de 0,5 a 4,4 dentes), o que equivale aproximadamente a prevenir 40% das cáries. A revisão concluiu que a evidência era de qualidade moderada: muitos estudos não tentaram reduzir o viés do observador, controlar os factores de confusão, reportar medidas de variância, ou usar análises apropriadas. Embora não fossem aparentes grandes diferenças entre a fluoretação natural e a artificial, a evidência era inadequada para chegar a uma conclusão sobre quaisquer diferenças. O flúor também previne as cáries em adultos de todas as idades. No entanto, existem menos estudos em adultos e o desenho dos estudos de fluoretação da água em adultos é inferior ao dos estudos de fluoreto auto-aplicado ou aplicado clinicamente. Uma meta-análise de 2007 concluiu que a fluoretação da água prevenia cerca de 27% das cáries em adultos (intervalo de confiança de 95% [IC] 19-34%), aproximadamente a mesma fração que era prevenida pela exposição a qualquer método de administração de flúor (média de 29%, IC 95%: 16-42%). Uma revisão sistemática de 2002 encontrou fortes evidências de que a fluoretação da água é eficaz na redução geral da cárie dentária nas comunidades.

A maioria dos países da Europa registou declínios substanciais nas cáries sem a utilização da fluoretação da água. Por exemplo, na Finlândia e na Alemanha, as taxas de cárie dentária permaneceram estáveis ou continuaram a diminuir depois que a fluoretação da água foi interrompida. A fluoretação pode ser útil nos EUA porque, ao contrário da maioria dos países europeus, os EUA não têm cuidados dentários nas escolas, muitas crianças não visitam um dentista regularmente e, para muitas crianças americanas, a fluoretação da água é a principal fonte de exposição ao flúor. A eficácia da fluoretação da água pode variar de acordo com as circunstâncias, como o facto de os cuidados dentários preventivos serem gratuitos. Alguns estudos sugerem que a fluoretação reduz as desigualdades em termos de saúde oral entre os ricos e os pobres, mas as provas são limitadas. Existem provas anedóticas, mas não científicas, de que o flúor permite mais tempo para o tratamento dentário ao abrandar a progressão da cárie dentária e que simplifica o tratamento ao fazer com que a maioria das cáries ocorra nas fossas e fissuras dos dentes.

Os efeitos adversos do flúor dependem da dosagem total de flúor de todas as fontes. Na dose habitualmente recomendada, o único efeito adverso claro é a fluorose dentária, que pode alterar o aspeto dos dentes das crianças durante o desenvolvimento dentário; este efeito é geralmente ligeiro e é improvável que represente qualquer efeito real na aparência estética ou na saúde pública. O período crítico de exposição é entre um e quatro anos de idade, com o risco a terminar por volta dos oito anos. A fluorose pode ser prevenida através da monitorização de todas as fontes de flúor, sendo a água fluoretada direta ou indiretamente responsável por cerca de 40% do risco e as outras fontes, nomeadamente as pastas dentífricas, responsáveis pelos restantes 60%. Em comparação com a água naturalmente fluoretada a 0,4 mg/L, estima-se que a fluoretação a 1 mg/L cause fluorose adicional em uma de cada 6 pessoas (95% CI 4-21 pessoas), e cause fluorose adicional de preocupação estética em uma de cada 22 pessoas (95% CI 13,6-∞ pessoas). Aqui, preocupação estética é um termo usado numa escala padronizada baseada no que os adolescentes considerariam inaceitável, conforme medido por um estudo de 1996 com jovens britânicos de 14 anos. Em muitos países industrializados, a prevalência de fluorose está a aumentar mesmo em comunidades não fluoretadas, principalmente devido ao flúor da pasta de dentes ingerida. Uma revisão sistemática de 2009 indicou que a fluorose está associada ao consumo de leite em pó para bebés ou de água adicionada para reconstituir o leite em pó, que as provas foram distorcidas por vieses de publicação e que as provas de que o flúor do leite em pó causava a fluorose eram fracas. Nos EUA, o declínio da cárie dentária foi acompanhado por um aumento da fluorose tanto nas comunidades fluoretadas como nas não fluoretadas; consequentemente, o flúor foi reduzido de várias formas em todo o mundo nas fórmulas para bebés, pastas de dentes para crianças, água e suplementos de flúor.

A fluoretação tem pouco efeito sobre o risco de fratura óssea (ossos partidos); pode resultar num risco de fratura ligeiramente inferior ao dos níveis excessivamente elevados de fluoretação ou da não fluoretação. Não existe uma associação clara entre a fluoretação e o cancro ou as mortes devidas ao cancro, tanto para o cancro em geral como especificamente para o cancro dos ossos e o osteossarcoma. Outros efeitos adversos carecem de provas suficientes para se chegar a uma conclusão segura. Um estudo finlandês publicado em 1997 mostrou que o medo de que a água seja fluoretada pode ter um efeito psicológico com uma grande variedade de sintomas, independentemente de a água ser efetivamente fluoretada. O flúor pode ocorrer naturalmente na água em concentrações muito acima dos níveis recomendados, o que pode ter vários efeitos adversos a longo prazo, incluindo fluorose dentária grave, fluorose esquelética e ossos enfraquecidos. A Organização Mundial de Saúde recomenda um valor máximo de fluoreto de 1,5 mg/L como um nível no qual a fluorose deve ser mínima.

Em casos raros, a implementação inadequada da fluoretação da água pode resultar em excesso de fluoretação que causa surtos de envenenamento agudo por flúor, com sintomas que incluem náuseas, vómitos e diarreia. Três desses surtos foram relatados nos EUA entre 1991 e 1998, causados por concentrações de flúor tão altas quanto 220mg/L; no surto de 1992 no Alasca, 262 pessoas ficaram doentes e uma pessoa morreu. Em 2010, aproximadamente 60 galões de flúor foram libertados no abastecimento de água em Asheboro, Carolina do Norte, em 90 minutos - uma quantidade que deveria ser libertada num período de 24 horas.

Tal como outros aditivos comuns para a água, como o cloro, o ácido fluossilícico e o silicofluoreto de sódio diminuem o pH e provocam um pequeno aumento da corrosividade, mas este problema é facilmente resolvido aumentando o pH. Embora tenha sido levantada a hipótese de o ácido fluossilícico e o silicofluoreto de sódio poderem aumentar a absorção de chumbo da água pelos seres humanos, uma análise estatística de 2006 não apoiou as preocupações de que estes produtos químicos causem concentrações mais elevadas de chumbo no sangue das crianças. Podem estar presentes níveis vestigiais de arsénio e chumbo nos compostos de fluoreto adicionados à água, mas não existem provas credíveis de que a sua presença seja preocupante: as concentrações estão abaixo dos limites de medição.

O efeito da fluoretação da água no ambiente natural tem sido investigado, não tendo sido estabelecidos quaisquer efeitos adversos. As questões estudadas incluíram as concentrações de fluoreto nas águas subterrâneas e nos rios a jusante; relvados, jardins e plantas; consumo de plantas cultivadas com água fluoretada; emissões atmosféricas; e ruído do equipamento.

Alternativas

Embora a fluoretação da água seja o meio mais eficaz de conseguir uma exposição ao flúor que abranja toda a comunidade, outras terapias com flúor também são eficazes na prevenção da cárie dentária; incluem pasta dentífrica com flúor, elixir bucal, gel e verniz, e fluoretação do sal e do leite. Os selantes dentários também são eficazes, com estimativas de prevenção de cáries que variam de 33% a 86%, dependendo da idade do selante e do tipo de estudo.

O creme dental com flúor é o tratamento com flúor mais amplamente utilizado e rigorosamente avaliado. A sua introdução no início da década de 1970 é considerada a principal razão para o declínio da cárie dentária nos países industrializados, e a pasta dentífrica parece ser o único fator comum nos países onde a cárie dentária diminuiu.[1841] A pasta dentífrica é a única estratégia realista de flúor em muitos países de baixo rendimento, onde a falta de infra-estruturas torna inviável a fluoretação da água ou do sal. No entanto, depende do comportamento individual e familiar, e a sua utilização é menos provável nas classes económicas mais baixas; nos países de baixo rendimento é inacessível para os pobres. Os dentífricos com flúor previnem cerca de 25% das cáries nos dentes permanentes jovens, e a sua eficácia aumenta se forem utilizadas concentrações mais elevadas de flúor ou se a escovagem dos dentes for supervisionada. Os colutórios e o gel com flúor são tão eficazes como os dentífricos com flúor; os vernizes com flúor previnem cerca de 45% das cáries. Em comparação, a escovagem com um dentífrico sem flúor tem pouco efeito sobre as cáries.

A eficácia da fluoretação do sal é aproximadamente a mesma que a da fluoretação da água, se a maior parte do sal para consumo humano for fluoretada. O sal fluoretado chega ao consumidor na forma de sal em casa, nas refeições nas escolas e nas grandes cozinhas, e no pão. Por exemplo, a Jamaica tem apenas um produtor de sal, mas um abastecimento público de água complexo; começou a fluoretar todo o sal em 1987, conseguindo um declínio notável nas cáries. A fluoretação universal do sal também é praticada na Colômbia e no cantão suíço de Vaud; em França e na Alemanha, o sal fluoretado é amplamente utilizado nos lares, mas também está disponível sal não fluoretado, dando aos consumidores a possibilidade de escolherem o flúor. As concentrações de fluoreto no sal variam entre 90 e 350 mg/kg, com estudos que sugerem uma concentração óptima de cerca de 250 mg/kg.

A fluoretação do leite é praticada pela Borrow Foundation em algumas partes da Bulgária, Chile, Peru, Rússia, Macedónia, Tailândia e Reino Unido. Dependendo do local, o flúor é adicionado ao leite, ao leite em pó ou ao iogurte. Por exemplo, a fluoretação do leite em pó é utilizada nas zonas rurais chilenas onde a fluoretação da água não é tecnicamente viável. Estes programas destinam-se a crianças e não foram direcionados nem avaliados para adultos. Uma revisão sistemática de 2005 encontrou provas insuficientes para apoiar a prática, mas também concluiu que os estudos sugerem que o leite fluoretado beneficia as crianças em idade escolar, especialmente os seus dentes permanentes.

Outras estratégias de saúde pública para controlar a cárie dentária, como a educação para mudar o comportamento e a dieta, não tiveram resultados impressionantes. Embora o flúor seja o único agente bem documentado que controla a taxa de desenvolvimento das cáries, foi sugerido que a adição de cálcio à água reduziria ainda mais as cáries.^ Outros agentes para prevenir a cárie dentária incluem antibacterianos como a clorexidina e substitutos do açúcar como o xilitol. A pastilha elástica adoçada com xilitol tem sido recomendada como suplemento ao flúor e a outros tratamentos convencionais, se a pastilha não for demasiado cara. Duas abordagens propostas, a terapia de substituição de bactérias (probióticos) e a vacina contra a cárie, partilhariam a vantagem da fluoretação da água de exigir apenas uma adesão mínima do doente, mas não se provou que fossem seguras e eficazes. Outras abordagens experimentais incluem açúcar fluoretado, polifenóis e nanocomplexos de fosfopeptídeo de caseína e fosfato de cálcio amorfo.

Uma análise australiana de 2007 concluiu que a fluoretação da água é a forma mais eficaz e socialmente mais equitativa de expor comunidades inteiras aos efeitos do flúor na prevenção de cáries. Uma revisão de 2002 dos EUA estimou que os selantes diminuíram as cáries em cerca de 60% no geral, em comparação com cerca de 18-50% para o flúor. Uma revisão italiana de 2007 sugeriu que a fluoretação da água pode não ser necessária, particularmente nos países industrializados onde as cáries se tornaram raras, e concluiu que a pasta de dentes e outros fluoretos tópicos oferecem a melhor forma de prevenir as cáries em todo o mundo. Uma revisão de 2004 da Organização Mundial de Saúde afirmou que a fluoretação da água, quando é culturalmente aceitável e tecnicamente viável, tem vantagens substanciais na prevenção da cárie dentária, especialmente para subgrupos de alto risco.

2. PESQUISA BIBLIOGRÁFICA

A água é uma substância espantosa, uma simples mistura de dois elementos fundamentais que se encontram espalhados por toda a galáxia. Recentemente, o mundo ficou hipnotizado com a procura de água em Marte por máquinas inteligentes, porque entendemos que a presença de água pode significar a presença de vida. Herói no nosso próprio planeta, a água significa mais do que simples química. Está imbuída de cultura, política e ambiente e tem também uma importância regional. Se compreendermos estas cidades complexas, há esperança de que possamos avançar mais para resolver os nossos problemas relacionados com a água.

O mundo da água nunca prestou a devida atenção à questão vital da água até agora. A água é muitas vezes um recurso oculto, não suficientemente monitorizado, não suficientemente regulado e muitas vezes sobre-bombeado e sobre-utilizado. Vários cientistas da água tentaram abordar várias questões relacionadas com o solo.

Neste capítulo, é apresentada uma breve revisão desses trabalhos.

Pandey at al. - Estudou as caraterísticas físico-químicas dos sedimentos do rio Gaga em Kanpur, Índia. Os resultados indicam que a "descarga de

a poluição do rio Ganges afecta as propriedades físico-químicas dos sedimentos.

Patel & Tiwari - Relataram uma investigação preliminar sobre a qualidade físico-química da água central de poços escavados nas aldeias do complexo industrial de Rourkela, não tendo sido detectada a ausência de cobre, arsénio, cianeto e sulfureto em todas as amostras.

Kaushik et al. - Observam que a maioria dos poços escavados na zona rural de Deli e Califirm M.P.M. é superior a 1100, enquanto que nalguns poços o enter co-ocorre também acima de 1100/100 ml.

Aboo K.M. et. al. - Estudou as águas dos poços na cidade de Bhopal e encontrou bactérias coliformes e E. Coli inferiores a 20 NMP/100 ml em 4% dos poços estudados. A temperatura da água do poço variou de 21^0C a 29^0C, a turvação de 8 a 16, o P^H de 6,8 a 8,0 e o oxigénio dissolvido de 3,0 a 8,4 A alcalinidade registada foi de 54,0 mg/lit a

776,0mg/lit. A dureza total, a dureza de cálcio e a dureza de magnésio variaram entre 32 mg/lit. 4mg/ lit. E 632 mg/lit. respetivamente. O cloreto variou de 11,7 mg/lit a 850 mg/lit. o sulfato variou de 0,2 a 65,6 mg/lit. o flureto de 0,02 a 0,85 mg/lit. e o ferro de 0,02 a 1,5 mg/lit. Uma variação sazonal definida foi encontrada no número de coliformes e enterococos presentes na água do poço estudado, indicando um número menor de inverno. O estudo feito por Bhakuni et. al. sobre a qualidade da água subterrânea das zonas semi-áridas do Rajastão mostrou que a água é salina com alta concentração de flúor e nitrato, tornando-a imprópria para beber.

Gandhi M. e Khapkar S.M. - Analisaram a qualidade da água potável de vários lagos em Bombaim. O nível de fluoreto em diferentes amostras é inferior à norma especificada pela OMS.

Handa et. al. - **relataram** níveis de nitrato inferiores a 1,0 mg/l. De várias partes da Índia, indicando que a contribuição da água da chuva não é significativa em relação ao nível interessante de nitrato da água subterrânea.

Sahu, et. al. - Analisou a amostra de água recolhida de 3 em 3 horas, durante 24 horas, em 8 estações do rio Ganges durante o inverno, relativamente a vários parâmetros físico-químicos - temperatura da água, CO2 livre, oxigénio dissolvido - e mostrou um padrão seletivo de variação da condutividade e dos sólidos totais dissolvidos, que foram perturbados por vários factores.

Agrawal S.G. et. al. - estudaram os efeitos da chuva ácida e dos nevoeiros nas amostras de águas superficiais recolhidas em Baikunthpur e Korba, que se revelaram de natureza ácida. O valor de P^H foi sempre de cerca de 5,8. Bohra referiu que a elevada concentração de oxigénio dissolvido durante as primeiras horas da manhã se deve à baixa temperatura que aumenta a capacidade de dissolução do oxigénio da água.

Joshi et. al. - Estudou a variação das caraterísticas físico-químicas da água dos riachos da bacia hidrográfica de Gomti na região de Kumaon Himalaya. A água estudada foi considerada imprópria para beber, cozinhar, tomar banho e lavar-se sem tratamento.

Nayak et. al. - Recolheram amostras de água de dez estações selecionadas para analisar a liga de metais pesados com a salinidade, o P^H e os sólidos em suspensão da água. A água contém uma concentração elevada de metais dissolvidos e de partículas devido à carga eficiente das actividades mineiras e industriais a montante.

Collins. - Enquanto trabalhava na temperatura da água disponível para uso industrial nos Estados Unidos, relatou que a temperatura da água subterrânea que ocorre a uma profundidade de 10 a 20 metros é sempre mais elevada em 1^0 a 2^0 do que a temperatura anual do ar local.

Young Et. Al. - Analisando os dados físico-químicos e biológicos mensais de amostras de água recolhidas em 18 estações de monitorização marinha em Victoria Harber e na sua vizinhança em Hong Kong de 1988 a 1996, os resultados mostram que Victoria Harber e a sua vizinhança imediata apresentam níveis elevados de nitrato total, azoto, CBO e clorofila.

Ganapathi - Estudou vários parâmetros químicos e biológicos relacionados com a água líquida de lagos na cidade moderna. Registou valores anormais de CBO, CO D e também de D.O. Encontrou também dureza excessiva de cálcio e magnésio na referida água.

Chacko e Ganapathi. - Estudaram as condições hidrobiológicas do rio Adzar e descobriram que o P^H variava de 8 a 8,6 e o oxigénio dissolvido variava de zero a 6,02 PPM, o cloreto foi registado na gama de 40 a 280 mg/lit. enquanto não foi encontrado nitrato.

Patel,M.K e Tiwari, T.N. relataram uma investigação preliminar sobre a qualidade físico-química de amostras de água de poços escavados em aldeias do Complexo Industrial de Rourkela (Índia)

Gandhi,M. e Khopkar, S.M. avaliaram a qualidade da água potável de vários lagos em Bombaim. O nível de fluoreto em diferentes amostras é inferior à norma especificada pela OMS.

Shrivastava, G.K e Singh, B.B. determinaram os parâmetros físico-químicos do rio Ami em Khalidabad $_5$, na Índia, poluído por indústrias de pasta e papel. Os estudos mostraram que a concentração de oxigénio dissolvido aumentou e que a CQO e a CBO diminuíram com o aumento da distância do ponto de poluição.

Sahu, B.K.et al. analisaram as amostras de água recolhidas de 3 em 3 horas, durante 24 horas, em 8 estações do rio Ganga durante o inverno, relativamente a vários parâmetros físico-químicos. A temperatura da água, o CO_2 livre e o oxigénio dissolvido apresentam um padrão seletivo de variação.

Shrivastava, V.S. estudou as caraterísticas físico-químicas da água do rio Jharali em Nandurbar So_4^{--}, Po_4^{--}, COD, Na, Ca, A concentração era superior aos limites de tolerância.

Shrivastava, S.K. et al. estudaram as caraterísticas físico-químicas do rio Damodar perto de Giridih, distrito de Dhanbad, em Bihar.

Lokhande, R.S. e Kelkar, N. apresentaram um relatório sobre a qualidade físico-química da água da ribeira de Vasai. Devido às indústrias químicas, ao derrame de óleos e gorduras dos navios e às águas residuais públicas, a margem da ribeira de Vasai está poluída e a maré alta é arrastada pelas ondas.

Naik,S. e Purohit, K.M. monitorizaram catorze parâmetros físico-químicos de duas lagoas comunitárias (lagoas de Amarnath e Tilak nagar) do complexo industrial de Rourkela durante dois anos.

Lamberg M, Hausen H, Vartiainen T. Symptoms experienced during periods of atual and supposed water fluoridation (Sintomas sentidos durante períodos de fluoretação real e suposta da água). Centros de Controlo e Prevenção de Doenças. Recommendations for using fluoride to prevent and control dental caries in the United States (Recomendações para a utilização de flúor na prevenção e controlo da cárie dentária nos Estados Unidos).

Pizzo G, Piscopo MR, Pizzo I, Giuliana G. Estudos sobre a fluoretação da água comunitária e a prevenção da cárie: uma revisão crítica.

Taricska JR, Wang LK, Hung YT, Li KH. Tem estudos sobre fluoretação e desfluoretação e o efeito de diferentes parâmetros nas águas superficiais dos principais rios.

Wang LK, Hung YT, Shammas NK, editores. Estudou os Processos Avançados de Tratamento Físico-Químico. Verificou-se a taxa de aumento dos níveis de poluentes da água do rio, sulfatos, substâncias minerais biogénicas, fenol e produtos petrolíferos.

O Comité de Peritos da OMS realizou um estudo sobre a qualidade da água. Analisou as caraterísticas físico-químicas e biológicas das águas superficiais, que geralmente se alteram devido à descarga descontrolada de efluentes industriais.

Hobson WL, Knochel ML, Byington CL, analisaram a água potável e apresentaram um relatório sobre a utilização de água engarrafada, filtrada e da torneira em crianças latinas e não latinas.

Petersen PE, Lennon MA. Estuda a qualidade da água e revê as principais fontes de água e Uso efetivo de fluoretos para a prevenção da cárie dentária no século XXI.

McDonagh M, Whiting P, Bradley M et al. fizeram um estudo Uma revisão sistemática da fluoretação da água pública e relataram as vantagens e desvantagens Fluoretação da água potável: uma revisão sistemática da sua eficácia e segurança

Fawell J, Bailey K, Chilton J, Dahi El, analisaram as principais fontes de emissões químicas e as vias pelas quais os contaminantes podem surgir nas águas superficiais e subterrâneas destinadas ao abastecimento de água potável.

Burt BA, Tomar SIJ. Mudando a face da América: fluoretação da água e saúde bucal. Um estudo sistemático dos parâmetros da água e um relatório especial sobre o flúor. Fontes de água potável tomadas para análise de áreas rurais.

Sellers C. fez uma revisão e análise do flúor em diferentes amostras de água subterrânea e de superfície e constatou o elevado valor do ião flúor e apresentou um relatório sobre A natureza artificial da água fluoretada: conhecimento e fluxos de materiais.

A Associação de Saúde Pública do Reino Unido; a Associação Dentária Britânica; a Faculdade de Saúde Pública. Mostre um relatório sobre o ião fluoreto e apresente as suas vantagens e desvantagens. Os factos sobre a fluoretação da água. Sociedade Britânica de Fluoretação; 2004

Ripa LW. A half-century of community water fluoridation in the United States: review and commentary .

Gibson-Moore H. Water fluoridation for some-should it be for all? Nutr Bull. 2009;34(3):291-5.

Hudson K, Stockard J, Ramberg Z. The impact of socioeconomic status and race-ethnicity on dental health (O impacto do estatuto socioeconómico e da raça-etnia na saúde dentária). Sociol Perspect. 2007;50(1):7-25.

Vargas CM, Ronzio CR. Disparidades na cárie da primeira infância. BMC Oral Health. 2006;6(Suppl 1):S3.

Griffin SO, Jones K, Tomar SL. An economic evaluation of community water fluoridation [PDF]. J Public Health Dent. 2001;61(2):78-86.

Petersen PE. Política global da Organização Mundial de Saúde para a melhoria da saúde oral - Assembleia Mundial de Saúde 2007. Int Dent J. 2008;58(3):1

Horowitz HS. Tomada de decisão para programas nacionais de uso de flúor na comunidade. Community Dent Oral Epidemiol. 2000;28(5):321-9..

Reeves TG. Centros de Controlo de Doenças. Fluoretação da água: um manual para engenheiros e técnicos; 1986

Yasu Joltu et. al. - Estudaram os parâmetros químicos no rio Khushiro, Japão. Efectuaram análises de P^H, DO, COD, BOD, sólidos suspensos na amostra para a estação de montante. Os valores encontrados estão dentro dos limites permitidos.

Khalif étal. - Estudaram os parâmetros físico-químicos de cinco florestas temporárias em Hampshire. Observaram que a condutividade variava com a mudança de volume, enquanto o P^H variava entre a noite e o dia. O OD variou de 1,5 a 16 ppm com as mudanças de temperatura, precipitação e vento.

Bohra. - Relatou que a concentração elevada de oxigénio dissolvido durante as primeiras horas da manhã se deve à temperatura da lei, que aumenta a capacidade de dissolução do oxigénio na água.

Vass et. al. - Estudou as condições hidrobiológicas do rio Jhelum e verificou que a variação anual da temperatura da água era de 20^0C. O P^H variou de 7 a 7,6 enquanto o

DO variou de 5,8 a 14,3 mg/lit. e o cloreto entre 6,0 e 16,00 ppm em diferentes estações.

Aswad et. al. - Analisaram a água potável da cidade de Sulai Maniyah. Iraque para a presença de Cálcio, Magnésio, Sódio, Potássio, cobre e zinco,

A dureza total e temporária e a alcalinidade carbonatada também foram avaliadas. Discutiram as flutuações destes parâmetros em função da fonte de água, das condições atmosféricas, etc.

Bandel et. al. - Estudou a determinação do poder poluente das águas residuais em termos de oxigénio que será necessário para a sua descarga na água da barragem de Barul, onde existem condições aeróbias. Os valores de CBO foram máximos (9,2 ppm) no inverno.

Chaterjee e Ria Ziuddinu - Realizaram uma investigação lim nológica num rio degradado, o Numia, na cintura industrial de Asansol. As presentes investigações tiveram como objetivo calcular o índice de qualidade da água do rio e avaliar o impacto das indústrias, da agricultura e das actividades humanas na qualidade da água. A água em todas as estações de amostragem foi registada acima do limite superior em termos de was, o que indicava que o rio não era seguro para uso humano

Lauer WC. Water Fluoridation Principles and Practices (Princípios e Práticas de Fluoretação da Água). 5ª ed. Vol. M4. American Water Works Association; 2004. (Manual de Práticas de Abastecimento de Água). ISBN 1-58321-311-2.

Nicholson JW, Czarnecka B. Fluoreto em medicina dentária e restaurações dentárias. In: Tressaud A, Haufe G, editores. Fluorine and Health (Flúor e Saúde). Elsevier; 2008.

Divisão de Saúde Oral, Centro Nacional de Serviços de Prevenção, CDC. Censo de fluoretação 1992 .

Centros de Controlo e Prevenção de Doenças. Engineering and administrative recommendations for water fluoridation, 1995.

Burt BA (maio de 1992). "A mudança dos padrões de ingestão sistémica de flúor". J. Dent. Res. 71 (5):

Bailey W, Barker L, Duchon K, Maas W. Populações que recebem água potável pública fluoretada de forma óptima - Estados Unidos, 1992-2006. MMWR Morb Mortal Wkly Rep. 2008;57(27):

Ozsvath DL. Fluoreto e saúde ambiental: uma revisão. Rev Environ Sci Biotechnol. 2009;8(1):59-79.

Lalumandier JA, Ayers LW. Fluoreto e conteúdo bacteriano da água engarrafada versus água da torneira. Arch Fam Med. 2000;9(3):246-50.

Grec RHdC, de Moura PG, Pessan JI*- Concentração de fluoreto em águas envasadas no mercado do município de São Paulo. Rev Sahde Phblica. 2008;42(1):154-7.

Featherstone JD. Cárie dentária: um processo de doença dinâmico. Aust Dent J. 2008;53(3):286-91.

Cury JA, Tenuta LM. Como manter uma concentração cariostática de flúor no meio bucal. Adv Dent Res. 2008;20(1):13-6.

Aoba T, Fejerskov O. Dental fluorosis: chemistry and biology (Fluorose dentária: química e biologia). Crit Rev Oral Biol Med. 2002;13(2):155-70.

Hellwig E, Lennon AMI. Flúor sistémico versus flúor tópico [PDF]. Caries Res. 2004;38(3):258-62.

Tinanoff N. Utilizações do flúor. In: Berg JH, Slayton RL, editores. Saúde Oral na Primeira Infância. Wiley-Blackwell; 2009.p. 92-109.

Koo H. Strategies to enhance the biological effects of fluoride on dental biofilms (Estratégias para aumentar os efeitos biológicos do flúor nos biofilmes dentários). AdvDent Res. 2008;20(1):17-21.

3. OBJETIVO

A qualidade da água é uma preocupação vital para a humanidade, uma vez que está diretamente ligada ao bem-estar humano. É um facto histórico que a poluição fecal da água potável causou doenças transmitidas pela água que dizimaram toda a população das cidades.

O principal objetivo deste estudo foi determinar a quantidade de fluoreto na água potável de cinco aldeias do bloco Premnagar do distrito de Surajpur.

A água poluída é a culpada em todos estes casos. As principais fontes de poluição da água são os resíduos domésticos das zonas urbanas e rurais e os resíduos industriais que são descarregados nas massas de água naturais.

Para este efeito, serão efectuadas análises físico-químicas de amostras de água potável em cinco aldeias diferentes do bloco de Premnagar e espera-se evitar todos os problemas decorrentes do aumento do teor de flúor.

Porque a presença de grandes quantidades de flúor está associada a

Fluorose dentária e esquelética e quantidade inadequada com portadores de dentes.

Os serviços de saúde pública dos EUA afirmaram que o flúor torna os ossos mais frágeis.

A doença dos dentes manchados causa danos permanentes no esmalte.

Fluorose esquelética acompanhada de dores e rigidez das articulações.

A osteoporose também afecta as crianças com menos de 10 anos de idade.

A mulher enfrenta um problema de infertilidade.

4. METODOLOGIA

ANÁLISE DA ÁGUA

MATERIAL E MÉTODO

As amostras foram recolhidas e analisadas de acordo com o procedimento estabelecido nos métodos normalizados para o exame da água e das águas residuais da Associação Americana de Saúde Pública (APHA). Foi adotado o método de amostragem composta para a recolha de amostras de água de cinco aldeias da referida zona. As amostras para análise química foram recolhidas em contentores de polietileno. As amostras recolhidas para determinação do teor de metais foram acidificadas (1,0 ml de HNO3 por litro de amostra). Alguns dos parâmetros como o pH, a temperatura, a condutividade, o oxigénio dissolvido e o T.D.S. foram analisados no local utilizando um kit portátil de análise da água. Os outros parâmetros foram analisados em laboratório.

FLUORIDE:

Método: **ESPECTROFOTOMÉTRICO DE SPADNS**

Aparelhos

a. Aparelho de destilação: Balão de ebulição de 1 L de fundo redondo e colo longo, de vidro borossilicato, adaptador para termómetro, tubo de ligação e um condensador eficiente, com adaptador para termómetro e um termómetro com leitura até 200°C. O aparelho é apresentado na figura.

Podem ser utilizados outros tipos de aparelhos de destilação.

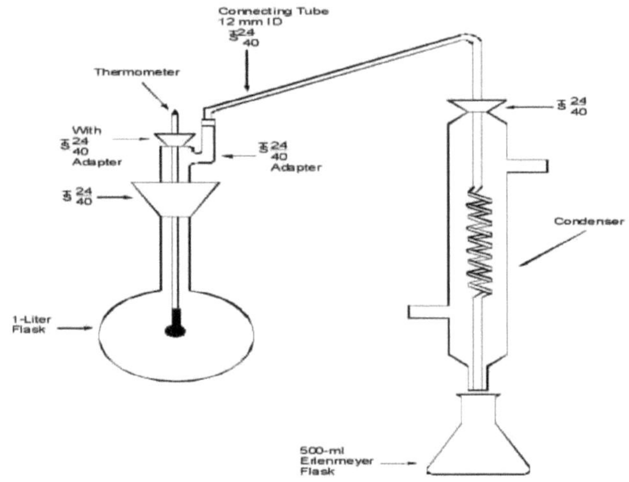

b. **Espectrofotómetro** para utilização a 570nm. O espetrofotómetro deve ter um percurso de luz de pelo menos 1 cm ou um espetrofotómetro com um filtro amarelo-esverdeado (550 a 580 nm).

Reagentes

a. Ácido sulfúrico, H_2SO_4, conc., grau de reagente

b. Sulfato de prata, Ag_2SO_4, cristais, grau de reagente

c. Solução-mãe de fluoreto. Dissolver 221,0mg de fluoreto de sódio anidro, NaF, em água destilada e diluir para 1000 mL; 1 mL = 100μgF.

Solução padrão de fluoreto. Diluir 100 mL de solução-mãe de fluoreto para 1000 mL com água destilada; 1 mL = 10μg F.

Solução de SPADNS: Dissolver 958mg de SPADNS, 2 - (parasulfofenilazo)- 1,8 - dihidroxi-3,6-naftalenodissulfonato de sódio, em água destilada e diluir para 500 mL; proteger da luz - estável durante 1 ano.

f. Reagente de ácido zirconílico: Dissolver 133 mg de cloreto de zirconilo octa-hidratado, $ZrOCl_2.8H_2O$, em cerca de 25 mL de água destilada, adicionar 350 mL de conc HCl e diluir para 500 mL.

g. Reagente ácido zirconil-SPADNS misto: Misturar volumes iguais de solução

SPADNS e reagente ácido zirconílico - estável durante 2 anos.

h. Solução de referência: Adicionar 10 mL de solução SPADNS a 100 mL de água destilada. Diluir 7 mL de conc HCl para 10 mL com água destilada e adicionar à solução SPADNS - estável durante 1 ano. Colocar o instrumento em zero com esta solução.

i. Solução de arsenito de sódio: Dissolver 5g de $NaAsO_2$ e diluir para 1L com água destilada

Procedimento

a. Destilação: A destilação é necessária para amostras com elevada concentração de sólidos dissolvidos. A 400 ml de água destilada no balão de destilação, com o agitador magnético a funcionar, adicionar 200 mL de H_2SO_4 conc. e algumas esferas de vidro. Ligar o aparelho como indicado na figura e aquecer até Manual de Laboratório ID: 1.11 Versão: 2 Página: 2/3

180 ° C. Para evitar o sobreaquecimento, interromper o aquecimento quando a temperatura atingir 178 °C.

Deitar fora o destilado.

b. Arrefecer a mistura ácida remanescente no balão até 80°C e adicionar 300 mL de amostra. Com o agitador em funcionamento, destilar até a temperatura atingir 180°C (parar novamente o aquecimento a 178°C para evitar o sobreaquecimento), desligar o aquecimento; reter o destilado para análise.

c. Adicionar $AgSO_4$ ao balão de destilação à razão de 5mg/mg Cl- para evitar a interferência de Cl-. A solução de H_2SO_4 no balão pode ser usada repetidamente até que a contaminação das amostras se acumule de tal forma que a recuperação seja afetada. Isto pode ser verificado destilando um padrão conhecido e determinando a recuperação.

d. Preparação da curva padrão: Tomar os seguintes volumes de solução padrão de fluoreto e diluir a 50 ml com água destilada e anotar a temperatura:

S.N.	Volume da solução Std F^- (ml)	Volume final da maquilhagem (ml)	Concentração final de F^- da solução (μg)
1	0	50	0
2	0.5	50	0.1
3	1.0	50	0.2
4	2.5	50	0.5
5	5.0	50	1.0
6	10	50	2.0
7	25	50	5.0

e. Pipetar 10,00 mL de reagente misto ácido-zirconil-SPADNS para cada padrão e misturar bem. Evitar a contaminação. Colocar o fotómetro a zero absorvância com a solução de referência e obter leituras de absorvância dos padrões (a 570nm). Traçar uma curva de mg F- versus absorvância. Preparar uma nova curva padrão sempre que se utilize um reagente novo ou uma temperatura padrão diferente.

5. PLANO PROPOSTO

MAPA DA DIVISÃO DE SARGUJA

Selecionei cinco aldeias e seis amostras de cada aldeia do bloco de Premnagar do distrito de Surajpur para observar a concentração de fluoreto da água através do parâmetro de fluoreto, o que conduzirá ao resultado de saber se a água dessa aldeia em particular, ou seja

Cinco locais de amostragem em cada aldeia

(1) **Baraul (S-I)** (Dewlapara, Khaspara, Bankhetapara, Bhattipara, Majhapara,

Ashramtola

(2) **Ramtirath (S-2)** (Bazarpara, yadavpara, khaspara, Schoolpara, Mainapara, Gadaipara

(3) **Banapatti (S-3)** (Kadampara, Mudapara, Tedupara, Amerapara, awarapara, khaspara

(4) **Barwahi (S-4)** (Junapara, Bhandarpara, Miyapara, Karaundajharia, Khaspara, Mudapara)

(5) **Fatehpur (S-5)** (Bakiyapara, Pahadpara, Saraipara, Bandhpara, Bagichpara, Bazarpara

Introdução da área selecionada

Surajpur (distrito recém-formado da divisão de Sarguja), com uma área de 16034,4 km2 e 54% de população tribal, é um dos distritos pouco desenvolvidos de Chhattisgarh. Cerca de 36% da área abrange terrenos florestais reservados e protegidos. Ambikapur é a sede do distrito. A população total do distrito é de 1970661 habitantes (censo de 2001), dos quais 93,03% são população rural. A área irrigada líquida é de 31968 ha. dos quais 6077ha. (apenas 19%) são irrigados por água subterrânea

O distrito de Sarguja é um grande planalto com numerosas colinas e planaltos. As duas caraterísticas fisiográficas importantes do distrito são o planalto de Mainpat e o planalto de Jamirpat, o primeiro com 28,8 km de comprimento e 12,8 km de largura e uma altura máxima de 1152,45 metros. Forma a fronteira sul com o distrito de Raigarh. O Jamirpat tem cerca de 3 km de largura. Constitui a fronteira oriental de Sarguja com o Estado de Jharkhand. A elevação máxima de Jamirpat é de 1219,2 metros. Os principais rios do distrito são o Kanhar, o Rihand, o Morna, o Mahan, o Geur, o Geger, o Neur e o Gej. Existem dois sistemas de drenagem distintos no distrito. Um é a norte e o outro é a sul.

O distrito tem um clima subtropical caracterizado por um verão quente e chuvas de monção seguidas de uma estação de inverno seca e fria. A precipitação normal do distrito é de 1600,9 mm. A temperatura anual varia entre 39,6°C e 43°C no verão e 8,6°

e 23,9°8C no inverno.

Hidrogeologia

As principais formações geológicas no distrito são rochas pertencentes ao grupo de rochas Arqueanas, Gondwanas, Lametas e Deccan trap sobrepostas por sedimentos aluviais sub-recentes a recentes. A água subterrânea ocorre em condições freáticas e semi confinadas a confinadas nos espaços porosos intergranulares nas rochas intemperizadas superficiais e no sistema fracturado a níveis mais profundos, respetivamente. Os níveis de água subterrânea no aquífero freático variam de 3,66 a 16,5 mbgl e de 1,59 a 10,37 mbgl durante os períodos pré-monção e pós-monção, respetivamente. A análise da tendência de longo prazo do nível de água subterrânea no distrito revela que 13,15% dos poços no período pré-monção e nenhum dos poços no período pós-monção mostram uma tendência de queda significativa (20 cm/ano).

No âmbito do programa de exploração, a Central Ground Water Board (CGWB) efectuou 30 perfurações de exploração no distrito de Sarguja para avaliar o sistema aquífero e o seu potencial. Os dados destes furos indicaram que os aquíferos variam entre poucos metros e 70 mbgl. Os poços tubulares em Gondwanas variam de 27 a 76 mbgl. com descarga entre 5 e 3 m$^{(3)}$/hr.

A água subterrânea no distrito é desenvolvida principalmente por poços escavados para fins domésticos e de irrigação. Os poços escavados também são utilizados para irrigação. Estas estruturas captam água subterrânea até uma profundidade de 6 a 20 mbgl. Os poços equipados com bombas manuais são utilizados para satisfazer as necessidades de abastecimento de água potável da comunidade da aldeia.

Qualidade

A qualidade da água subterrânea no distrito é geralmente adequada tanto para beber como para irrigação e está dentro dos limites permitidos pelas normas indianas.

Estado do lençol freático

Média decadal (1995-2005) do nível de água pré-monção (maio) em m

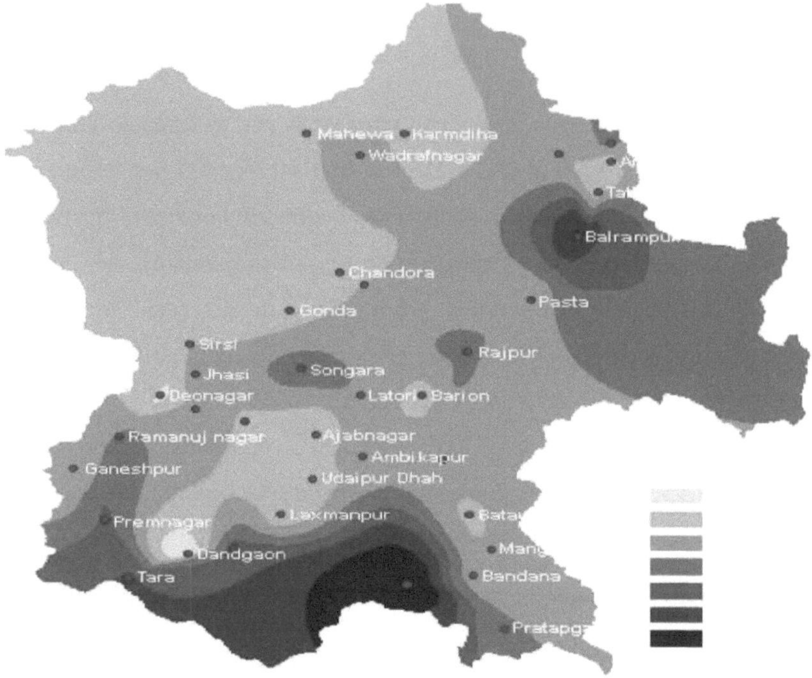

Recursos hídricos subterrâneos

Os dados relativos aos recursos hídricos subterrâneos apresentados a seguir correspondem às estimativas efectuadas conjuntamente pela CGWB, Governo da Índia e pelo Ground Water Survey Circle, Governo de Chhattisgarh. Todos os blocos do distrito foram classificados como seguros do ponto de vista do desenvolvimento das águas subterrâneas.

Recursos hídricos subterrâneos anuais disponíveis (ha m)	154455
Atribuição para uso doméstico no ano 2025 (ha m)	7302
Escoamento bruto para irrigação (ha m)	26326
Balanço de água subterrâneaDisponibilidade para irrigação futura (ha m)	120827
Fase de desenvolvimento das águas subterrâneas (%)	20.05
Área adicional que pode ser irrigada (ha) (assumindo 90% de	73550

estágio de desenvolvimento e necessidade de água da cultura de 0,7 m)	(4,3 % da área geográfica)

6. DISCUSSÃO DOS RESULTADOS

Aldeia I - Baraul

Um número total de seis amostras foi recolhido e testado quanto à sua concentração de fluoreto. Três amostras representam água de superfície recolhida do rio/nallah e representadas como Sl-swι, s2-sw2, S3-sw3, enquanto as restantes amostras foram recolhidas de água subterrânea / poços tubulares Sl-sw4, sl-sw5, Sl-sw6. O resultado da absorvância foi compilado abaixo para estas amostras

Table I- Concentração de fluoreto nas amostras de água da aldeia de Baraul

amostra	Concentração de fluoreto (mg/l)
Sl-swι	2.40
Sl-sw2	2.80
Sl-sw3	3.50
Sl-sw4	2.50
Sl-sw5	3.0
Sl-sw6	3.0

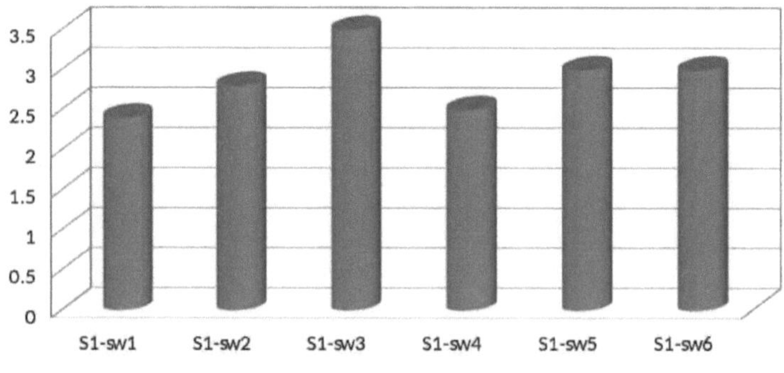

Aldeia II Ramtirath

Um número total de seis amostras foi recolhido e testado quanto à sua concentração de fluoreto . Três amostras representam águas de superfície recolhidas do rio/nallah e representadas como S2-swı, s2-sw2,S3-sw3 enquanto as restantes amostras foram recolhidas de águas subterrâneas/poços tubulares S2-sw⅛ s2-sws, S2-sw6 .Todas as seis amostras eram incolores . inodoras, e livres de suspensão sólida. O resultado da absorvância foi compilado abaixo para estas amostras

Table II- Concentração de fluoreto nas amostras de água da aldeia de Ramtirath

amostra	**Concentração de fluoreto (mg/l)**
S2-swı	2.44
S2-sw2	2.60
S2-sw3	3.0
S2-sw4	2.50
S2-sws	2.50
S2-sw6	2.16

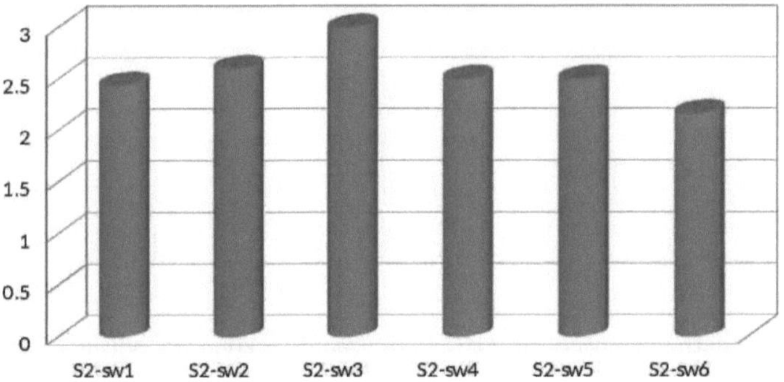

Aldeia III- BANAPATTI

Um número total de seis amostras foi recolhido e testado quanto à sua concentração de fluoreto. Três amostras representam águas de superfície recolhidas do rio/nallah e representadas como S3-swı, s3-sw2,S3-sw3 enquanto as restantes amostras foram recolhidas de águas subterrâneas/poços tubulares S3-sw⅛ s3-sws,S3-swe .Todas as seis amostras eram incolores. inodoras, e livres de suspensão sólida. O resultado da absorvância foi compilado abaixo para estas amostras:-

Table III- Concentração de fluoreto nas amostras de água da aldeia de BANAPATTI

amostra	Concentração de fluoreto (mg/l)
S3-swı	2.05
S3-sw2	3.00
S3-sw3	3.10
S3-sw4	3.55
S3-sw5	3.40
S3-sw6	1.90

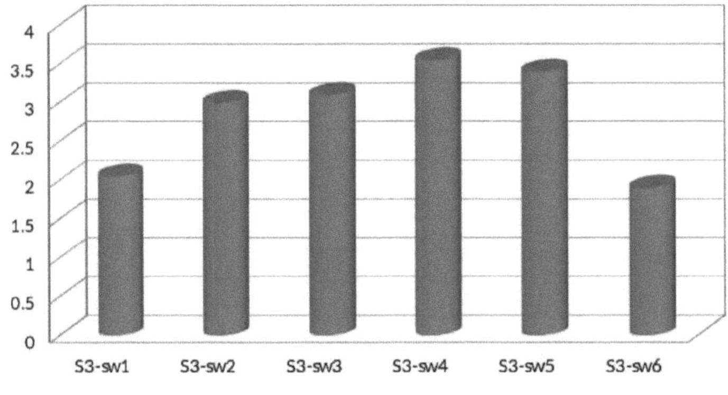

Aldeia IV- BARWAHI

Um número total de seis amostras foi recolhido e testado quanto à sua concentração de fluoreto. Três amostras representam água de superfície recolhida do rio/nallah e representadas como S4-swı, S4-sw2,S4-sw3 enquanto as restantes amostras foram recolhidas de água subterrânea / poços tubulares S4-sw⅛ S4-sws,S4-swe .Todas as seis amostras eram incolores . inodoro, e livre de suspensão sólida. O resultado da absorvância foi compilado abaixo para estas amostras:-

Table IV- Concentração de fluoreto nas amostras de água da aldeia de BARWAHI

amostra	Concentração de fluoreto (mg/l)
S4-swı	3.16
S4-sw2	3.18
S4-sw3	2.50
S4-sw4	3.0
S4-sws	3.50
S4-sw6	3.20

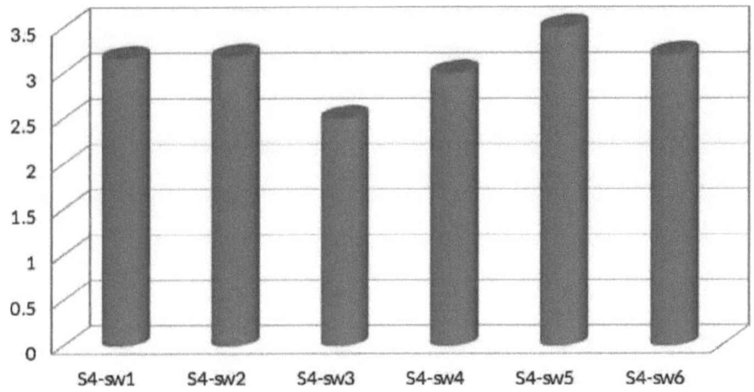

Aldeia V- FATEHPUR

Um número total de seis amostras foi recolhido e testado quanto à sua concentração de fluoreto. Três amostras representam água de superfície recolhida do rio/nallah e representadas como S6-sw1, S6-sw2, S6-sw3, enquanto as restantes amostras foram recolhidas de água subterrânea / poços tubulares S6-sw4, S6-sw5, S6-sw6. Todas as seis amostras eram incolores, inodoras e livres de suspensão sólida. O resultado da absorvância foi compilado abaixo para estas amostras:-

Table V- Concentração de fluoreto nas amostras de água da aldeia FATEHPUR

amostra	Concentração de fluoreto (mg/l)
S5-swı	2.0
S5-sw2	3.05
S5-sw3	2.30
S5-sw4	3.0
S5-sw5	3.50
S5-sw6	3.18

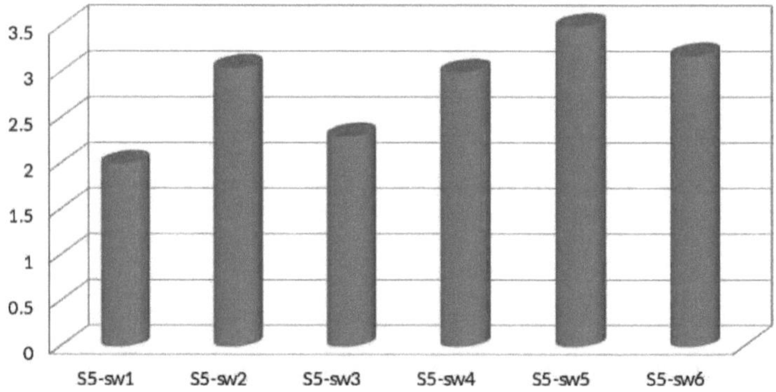

Os resultados das análises da água de cinco aldeias de Surajpur dist. do bloco de Premnagar estão registados nos quadros 1, 2, 3, 4 e 5. Em todas as cinco aldeias, cada uma tem seis estações de amostragem (três foram recolhidas à superfície e três amostras foram recolhidas do poço tubular)

Na aldeia- **BARAUL**, o flúor foi registado na gama de 2,40,2,80, 3,50, 2,50, 3,0 e 3,0 mg/l. O limite máximo admissível para o flúor como organização mundial de saúde (OMS) é de 1,5 mg/l. todas as seis amostras de flúor encontraram excesso do seu limite admissível.

Na aldeia **RAMTIRATH**, o flúor foi registado na gama de 2,44, 2,60, 3,0, 2,50, 2,50 e 2,16 mg/l. O limite máximo admissível para o flúor como padrão indiano (IS) é de 0,6 a 1,2 mg/l. todas as seis amostras de flúor encontraram excesso de seu limite permitido. limite máximo permitido para flúor como manual NEERI (1991) é 1,0mg/l.

Na aldeia **BANAPATTI**, o fluoreto foi registado na gama de 2,05, 3,00, 3,10, 3,55, 3,40 e 1,90 mg/l. Todas as seis amostras de fluoreto encontraram excesso do seu limite permitido.

Invillage-BARWAHI fluoreto foi registrado na faixa de 3,16,3,18,2,50,3,0, 3,50 e 3,20 mg/l. todas as seis amostras de fluoreto encontraram excesso de seu limite permitido. limite máximo permitido para fluoreto como manual NEERI (1991) é 1,0 mg / 1 e limite máximo permitido para fluoreto como organização mundial de saúde (OMS) é 1,5mg/l.

Na aldeia- **FATEHPUR** o flúor foi registado na gama de 2.0, 3.05, 2.30, 3.0, 3.50 e 3.18 mg/l. todas as seis amostras de flúor encontraram excesso do seu limite permissível. o limite máximo permissível para o flúor como manual NEERI (1991) é 1.0 mg/l e o limite máximo permissível para o flúor como organização mundial de saúde (OMS) é 1.5mg/l.

O estudo em causa foi efectuado com o objetivo de avaliar a concentração de fluoreto em amostras de água recolhidas em cinco aldeias do bloco de Premnagar, distrito de Surajpur, Chhattisgarh. Estas amostras foram analisadas para o estudo do flúor e do seu efeito na área circundante.

O flúor que ocorre naturalmente na água pode estar acima ou abaixo dos níveis recomendados. Tanto o excesso como a deficiência de fluoreto na água produzem efeitos adversos na saúde.

O limite máximo aceitável para o flúor, segundo a Organização Mundial de Saúde (1985), é de 1,5 mg/l. No presente estudo, a concentração de flúor nas amostras de água de todas as cinco aldeias foi encontrada acima do limite permitido. Portanto, o efeito nocivo do flúor foi encontrado em todas as aldeias

7. REFERÊNCIAS

Lamberg M, Hausen H, Vartiainen T. Sintomas experimentados durante períodos de fluoretação real e suposta da água. Community Dent Oral Epidemiol. 1997;25(4):291-5.

2 Centros de Controlo e Prevenção de Doenças. Recommendations for using fluoride to prevent and control dental caries in the United States (Recomendações para a utilização de flúor na prevenção e controlo de cáries dentárias nos Estados Unidos). MMWR Recomm Rep. 2001;50

3 Pizzo G, Piscopo MR, Pizzo I, Giuliana G. Community water fluoridation and caries prevention: a critical review. Clin Oral Investig. 2007;11(3):189-93.

4 Índice de Preços no Consumidor (estimativa) 1800-2008. Banco da Reserva Federal de Minneapolis. Recuperado em 7 de dezembro de 2010.

5 Taricska JR, Wang LK, Hung YT, Li KH. Fluoretação e desfluoretação. In: Wang LK, Hung YT, Shammas NK, editores. Advanced Physicochemical Treatment Processes. Humana Press; 2006. (Handbook ofEnvironmental Engineering 4).

6 Comité de Peritos da OMS sobre o estado da saúde oral e a utilização de fluoretos. Fluoretos e saúde oral . 1994.

7 Hobson WL, Knochel ML, Byington CL, Young PC, Hoff CJ, Buchi KF. Bottled, filtered, and tap water use in Latino and non-Latino children (Uso de água engarrafada, filtrada e da torneira em crianças latinas e não latinas). Arch Pediatr Adolesc Med. 2007;161(5):457-61.

8 Petersen PE, Lennon MA. Utilização efectiva de fluoretos para a prevenção da cárie dentária no século XXI: a abordagem da OMS [PDF]. Community Dent Oral Epidemiol. 2004;32(5):319-21.

9 Parnell C, Whelton H, O'Mullane D. Water fluoridation. Eur Arch Paediatr Dent. 2009;10(3):141-8.

10 Conselho Nacional de Saúde e Investigação Médica (Austrália). A systematic

review of the efficacy and safety of fluoridation [PDF]. 2007 [citado 2009-10-13]. ISBN 1864964154. Resumo: Yeung CA. A systematic review of the efficacy and safety of fluoridation (Uma revisão sistemática da eficácia e segurança da fluoretação). Evid Based Dent. 2008;9(2):39-43.

11 McDonagh M, Whiting P, Bradley M et al. A systematic review of public water fluoridation ; 2000. Sítio Web do relatório: NHS Centre for Reviews and Dissemination. Fluoridation of drinking water: a systematic review of its efficacy and safety (Fluoretação da água potável: uma revisão sistemática da sua eficácia e segurança); 2000

12 Fawell J, Bailey K, Chilton J, Dahi E, Fewtrell L, Magara Y. Fluoride in Drinking-water . Organização Mundial de Saúde; 2006

13 Jones S, Burt BA, Petersen PE, Lennon MA. The effective use of fluorides in public health. Boletim do Órgão Mundial de Saúde. 2005;83(9):670-6.

14 Dez grandes realizações no domínio da saúde pública - Estados Unidos, 1900-1999. MMWR Morb Mortal Wkly Rep. 1999;48(12):241-3. PMID 10220250. Reproduzido em: JAMA. 1999;281(16):1481.

15 Burt BA, Tomar SL. Changing the face of America: water fluoridation and oral health. In: Ward JW, Warren C. Silent Victories: Oxford University Press; 2007. ISBN 0-19-515069-4. p. 307-22.

16 Sellers C. A natureza artificial da água fluoretada: entre nações, conhecimentos e fluxos materiais. Osiris. 2004;19:182-200.

17 Divisão de Saúde Oral, Centro Nacional de Prevenção de Doenças Crónicas e Promoção da Saúde, CDC. Estatísticas de fluoretação da água para 2006; 2008-09-17

18 A Sociedade Britânica de Fluoretação; a Associação de Saúde Pública do Reino Unido; a Associação Dentária Britânica; a Faculdade de Saúde Pública. Um num milhão: Os factos sobre a fluoretação da água. 2nd ed. Manchester: Sociedade Britânica de Fluoretação; 2004

19 Selwitz RH, Ismail AI, Pitts NB. Cárie dentária. Lancet. 2007;369(9555):51-9.

20 Cheng KK, Chalmers I, Sheldon TA. Adding fluoride to water supplies [PDF]. BMJ. 2007;335(7622):699-702.

21 Armfield JM. When public action undermines public health: a critical examination of antifluoridationist literature. Aust New Zealand Health Policy. 2007;4:25..

22 Instituto Nacional de Investigação Dentária e Craniofacial. A história da fluoretação; 2008-12-20 .

23 Ripa LW. A half-century of community water fluoridation in the United States: review and commentary [PDF]. JPublic Health Dent. 1993;53(1):17-44.

24 Gibson-Moore H. Water fluoridation for some-should it be for all? Nutr Bull. 2009;34(3):291-5.

25 Hudson K, Stockard J, Ramberg Z. The impact of socioeconomic status and race-ethnicity on dental health (O impacto do estatuto socioeconómico e da raça-etnia na saúde dentária). Sociol Perspect. 2007;50(1):7-25.

26 Vargas CM, Ronzio CR. Disparidades na cárie da primeira infância. BMC Oral Health. 2006;6(Suppl 1):S3.

27 Griffin SO, Jones K, Tornar SL. An economic evaluation of community water fluoridation [PDF]. J Public Health Dent. 2001;61(2):78-86.

28 Petersen PE. Política global da Organização Mundial de Saúde para a melhoria da saúde oral - Assembleia Mundial de Saúde 2007. Int Dent J. 2008;58(3):1

29 Horowitz HS. Tomada de decisão para programas nacionais de uso de flúor na comunidade. Community Dent Oral Epidemiol. 2000;28(5):321-9..

30 Reeves TG. Centros de Controlo de Doenças. Fluoretação da água: um manual para engenheiros e técnicos; 1986

31 Lauer WC. Water Fluoridation Principles and Practices (Princípios e Práticas de Fluoretação da Água). 5ª ed. Vol. M4. American Water Works Association; 2004. (Manual de Práticas de Abastecimento de Água). ISBN 1-58321-311-2.

32 Nicholson JW, Czarnecka B. Fluoreto em medicina dentária e restaurações

dentárias. In: Tressaud A, Haufe G, editores. Fluorine and Health (Flúor e Saúde). Elsevier; 2008.

33 Divisão de Saúde Oral, Centro Nacional de Serviços de Prevenção, CDC. Censo de fluoretação 1992 .

34 Centros de Controlo e Prevenção de Doenças. Engineering and administrative recommendations for water fluoridation, 1995.

35 Burt BA (maio de 1992). "A mudança dos padrões de ingestão sistémica de flúor". J. Dent. Res. 71(5):

36 Bailey W, Barker L, Duchon K, Maas W. Populações que recebem água potável pública fluoretada de forma óptima - Estados Unidos, 1992-2006. MMWR Morb Mortal Wkly Rep. 2008;57(27):

37 Ozsvath DL. Fluoreto e saúde ambiental: uma revisão. Rev Environ Sci Biotechnol. 2009;8(l):59-79.

38 Lalumandier JA, Ayers LW. Fluoreto e conteúdo bacteriano da água engarrafada versus água da torneira. Arch Fam Med. 2000;9(3):246-50.

39 Grec RHdC, de Moura PG, Pessan JP, Ramires I, Costa B, Buzalaf MAR. Concentração de flúor em águas envasadas no mercado do município de São Paulo. Rev Sahde Phblica. 2008;42(l):154-7.

40 Featherstone JD. Cárie dentária: um processo de doença dinâmico. Aust Dent J. 2008;53(3):286-91.

42 Cury JA, Tenuta LM. Como manter uma concentração cariostática de flúor no meio bucal. Adv Dent Res. 2008;20(l):13-6.

Aoba T, Fejerskov O. Dental fluorosis: chemistry and biology (Fluorose dentária: química e biologia). Crit Rev Oral Biol Med. 2002;13(2):155-70.

43 Hellwig E, Lennon AM. Flúor sistémico versus flúor tópico [PDF]. Caries Res. 2004;38(3):258-62.

Tinanoff N. Utilizações do flúor. In: Berg JH, Slayton RL, editores. Saúde Oral na

Primeira Infância. Wiley-Blackwell; 2009.p. 92-109.

44 Koo H. Strategies to enhance the biological effects of fluoride on dental biofilms (Estratégias para aumentar os efeitos biológicos do flúor nos biofilmes dentários). Adv Dent Res. 2008;20(1):17-21.

45 Marquis RE, Clock SA, Mota-Meira M. Fluoreto e ácidos fracos orgânicos como moduladores da fisiologia microbiana. FEMS Microbiol Rev. 2003;26(5):493-510.

46 Fawell J, Bailey K, Chilton J, Dahi E, Fewtrell L, Magara Y. Fluoride in Drinking-water [PDF], Organização Mundial de Saúde; 2006. Human health effects. p. 29-36.

47 Sheiham A. Dietary effects on dental diseases [PDF]. Saúde Pública Nutr. 2001;4(2B):569-91.

48 Instituto de Medicina. Dietary Reference Intakes for Calcium, Phosphorus, Magnesium, Vitamin D, and Fluoride. National Academy Press; 1997. Fluoreto. p. 288-313.

49 Worthington H, Clarkson J. The evidence base for topical fluorides. Community DentHealth. 2003;20(2):74-6

50 Griffin SO, Regnier E, Griffin PM, Huntley V. Eficácia do flúor na prevenção de cáries em adultos. J Dent Res. 2007;86(5):410-5. Resumo: Yeung CA. Fluoride prevents caries among adults of all ages. Evid Based Dent. 2007;8(3):72- 3.

51 Truman BI, Gooch BF, Sulemana I et al. Revisões de provas sobre intervenções para prevenir cáries dentárias, cancros orais e da faringe e lesões craniofaciais relacionadas com o desporto . Am J Prev Med. 2002;23(1 Suppl):21-54.

52 Hausen HW. Fluoretação, fracturas e dentes. BMJ. 2000;321(7265):844-5.

Kumar JV. Is water fluoridation still necessary? Adv Dent Res. 2008;20(1):8-12.

53 Alvarez JA, Rezende KMPC, Marocho SMS, Alves FBT, Celiberti P, Ciamponi AL. Fluorose dentária: exposição, prevenção e tratamento [PDF]. Med Oral Patol Oral Cir Bucal. 2009;14(2):E103-7.

54 Hujoel PP, Zina LG, Moimaz SAS, Cunha-Cruz J. Fórmula infantil e fluorose do

esmalte: uma revisão sistemática. J Am DentAssoc. 2009;140(7):841-54.

55 Fawell J, Bailey K, Chilton J, Dahi E, Fewtrell L, Magara Y. Fluoride in Drinking-water . Organização Mundial de Saúde; 2006. Diretrizes e normas. p. 37-9.

56 Balbus JM, Lang ME. A água é segura para o meu bebé? Pediatr Clin North Am. 2001;48(5):1129-52,viii.

57 Asheboro notifica os residentes sobre o excesso de fluoretação da água. 2010-06-29.

58 Pollick HF. Water fluoridation and the environment: current perspective in the United States [PDF]. Int J Occup Environ Health. 2004;10(3):343-50.

59 Macek MD, Matte TD, Sinks T, Malvitz DM. Concentrações de chumbo no sangue em crianças e método de fluoretação da água nos Estados Unidos, 1988-1994. Environ Health Perspect. 2006;114(1):130-4.

60 Anusavice KJ. Abordagens actuais e futuras para o controlo da cárie. J Dent Educ. 2005;69(5):538-54.

Milgrom P, Reisine S. Oral health in the United States: the post-fluoride generation (Saúde oral nos Estados Unidos: a geração pós-fluoreto). Annu Rev Public Health. 2000;21:403-36.

61 Goldman AS, Yee R, Holmgren CJ, Benzian H. Global affordability of fluoride toothpaste (Acessibilidade global da pasta de dentes com flúor). Global Health. 2008;4:7.

62 Banoczy J, Rugg-Gunn AJ. Leite - um veículo para fluoretos: uma revisão [PDF]. Rev Clin Pesq Odontol. 2006 ;2(5-6):415-26.

63 Yeung CA, Hitchings JL, Macfarlane TV, Threlfall AG, Tickle M, Glenny AM. Fluoridated milk for preventing dental caries. Cochrane Database Syst Rev. 2005; (3):CD003876.

64 Bruvo M, Ekstrand K, Arvin E et al. Composição óptima da água potável para o controlo da cárie nas populações. J Dent Res. 2008;87(4):340-3.

65 Zero DT. Os substitutos do açúcar também são anticariogénicos? J Am Dent Assoc. 2008;139(Suppl 2):9S-10S.

66 Whelton H. Para além da fluoretação da água; a emergência de alimentos funcionais para a saúde oral. Saúde Dentária Comunitária. 2009;26(4):194-5.

67 Marthaler TM, Petersen PE. A fluoretação do sal - uma alternativa na prevenção automática da cárie dentária [PDF]. Int Dent J. 2005;55(6):351-8.

68 HoK, Neidell M. Equilibrium effects of public goods: the impact of community water fluoridation on dentists [PDF]. 2009.

69 A Sociedade Britânica de Fluoretação; a Associação de Saúde Pública do Reino Unido; a Associação Dentária Britânica; a Faculdade de Saúde Pública. Um num milhão: Os factos sobre a fluoretação da água. 2nd ed. Manchester: British Fluoridation Society; 2004. A ética da fluoretação da água [PDF]. p. 88-92.

70 Conselho de Acesso, Prevenção e Relações Interprofissionais da ADA. Associação Dentária Americana . Organizações nacionais e internacionais que reconhecem os benefícios para a saúde pública da fluoretação da água comunitária para a prevenção da cárie dentária; 2005 [arquivado em 2008-06-07;

71 Divisão de Saúde Oral, Centro Nacional de Prevenção de Doenças Crónicas e Promoção da Saúde, CDC. Realizações na saúde pública, 1900-1999: Fluoretação da água potável para prevenir a cárie dentária. MMWR Morb Mortal Wkly Rep. 1999;48(41):933-40. Contém H. Trendley Dean, D.D.S. Reimpresso em: JAMA. 2000;283(10):1283-6.

72 Carmona RH. Serviço de Saúde Pública dos EUA. Declaração do Surgeon General sobre a fluoretação da água da comunidade [PDF]; 2004-07-28

73 Associação Americana de Saúde Pública. Fluoretação comunitária da água nos Estados Unidos; 2008 .

74 Academia Europeia de Odontopediatria. Diretrizes sobre a utilização de fluoreto em crianças: um documento de política da EAPD [PDF]. Eur Arch Paediatr Dent. 2009;10(3):129-35.

75 Associação Dentária Australiana. Promoção da saúde oral na comunidade: utilização de flúor [PDF]; 2005 .

76 Associação Dentária Canadiana. Posição da CDA sobre a utilização de fluoretos na prevenção de cáries [PDF]; 2008 .

77 Conselho da ADA sobre Acesso, Prevenção e Relações Interprofissionais. Associação Dentária Americana. Factos sobre a fluoretação [PDF]; 2005 [arquivado em 2008-07-23;

78 Carstairs C, Elder R. Expertise, health, and popular opinion: debating water fluoridation, 1945-80. CanHistRev. 2008;89(3):345-71.

79 Fagin D. Second thoughts about fluoride. Sci Am. 2008;298(1):74-81.

80 Conselho Nacional de Investigação. Fluoride in Drinking Water: A Scientific Review of EPA's Standards. Washington, DC: National Academies Press; 2006.

81 Freeze RA, Lehr JH. The Fluoride Wars: How a Modest Public Health Measure Became Americas Longest-Running Political Melodrama. Wiley; 2009. Fluorofobia. p. 127-69.

82 Newbrun E. A guerra da fluoretação: uma disputa científica ou um argumento religioso. J PublicHealthDent. 1996;56(5 SpecNo):246-52.

83 Reilly GA. A tarefa é política: a promoção da fluoretação. In: Ward JW, Warren C. Silent Victories: The History and Practice of Public Health in Twentieth-century America. Oxford University Press; 2007... p. 323-42.

84 Partido Libertariano. Proteção dos consumidores .

85 Nordlinger J. Water fights: believe it or not, the fluoridation war still rages- with a twist you may like. Natl Rev. 2003-06-30.

86 The Fluoride Wars. Fluoride and health. p. 219-54.

87 Griffin M, Shickle D, Moran N. European citizens, opinions on water fluoridation (Cidadãos europeus, opiniões sobre a fluoretação da água). Community Dent Oral Epidemiol. 2008;36(2):95-102.

88 Armfield JM, Akers HF. Risk perception and water fluoridation support and opposition in Australia (Perceção de risco e apoio e oposição à fluoretação da água na Austrália). J Public Health Dent. 2009;70(1):58-66.

89 Dixon S, Shackley P. Estimating the benefits of community water fluoridation using the willingness-to-pay technique: results of a pilot study. Community Dent OralEpidemiol. 1999;27(2):124-9.

90 Caiman K. Para além do "estado babysitter": gestão e saúde pública. Saúde Pública. 2009;123(1):e6-e10.

91 Martin B. The sociology of the fluoridation controversy: a reexamination (A sociologia da controvérsia sobre a fluoretação: um reexame). SociolQ. 1989;30(1):59-76.

92 Douglas WA. History of Dentistry in Colorado, 1859-1959. Denver: Colorado State DentalAssn; 1959... p. 199.

93 Cox GJ. O flúor e a cárie dentária. In: Toverud G, Finn SB, Cox GJ, Bodecker CF, Shaw JH, editores. A Survey of the Literature of Dental Caries (Um Estudo da Literatura sobre Cárie Dentária). Washington, DC: Academia Nacional de Ciências - Conselho Nacional de Investigação; 1952. Publicação 225... p. 325-41

94 Mullen J. History of water fluoridation (História da fluoretação da água). Br Dent J. 2005;199(7s):1-4.

95 Lennon MA. One in a million: the first community trial of water fluoridation (Um num milhão: o primeiro ensaio comunitário de fluoretação da água). Boletim do Órgão de Saúde Mundial. 2006;84(9):759-60.

MIX
Papier aus verantwortungsvollen Quellen
Paper from responsible sources
FSC® C105338

Printed by Books on Demand GmbH, Norderstedt / Germany